远古有座动物园

远古有座动物园
哺乳王国
Abby Howard
MAMMAL
TAKEOVER
[美] 艾比·霍华德 著绘
夏高娃 译
邢立达 审定
北京联合出版公司
Beijing United Publishing Co.,Ltd.

商店

嘿——

哟！

罗妮，你想一起来做雪天使吗？

算了吧，弗兰西斯卡，你自己去好了。
我觉得太冷啦。

让我一个人在这里受苦就好。

哈哈，那行吧！

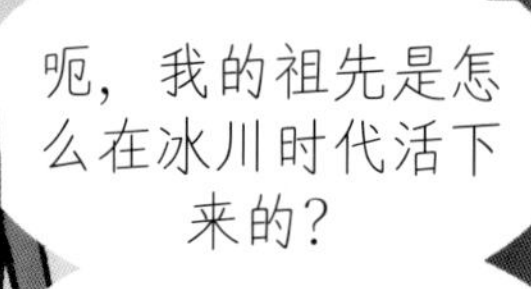
呃，我的祖先是怎么在冰川时代活下来的？
为什么人类还是这么不擅长对付寒冷的天气呢？

你说什么？

我是听到跟人类演化有关的问题了吗？

薛西小姐！

你一直……躲在雪堆里吗？

是呀，我在挖雪隧道。

这可是大人的正事儿哟！

话说回来，你对人类的黎明有些疑问，对吧？

就是这样！人类不是在冰川时代演化的吗？
我们为什么没有演化出能够在这么冷的天气里御寒的东西呢？

我的祖先怎么这么叫人失望呀？

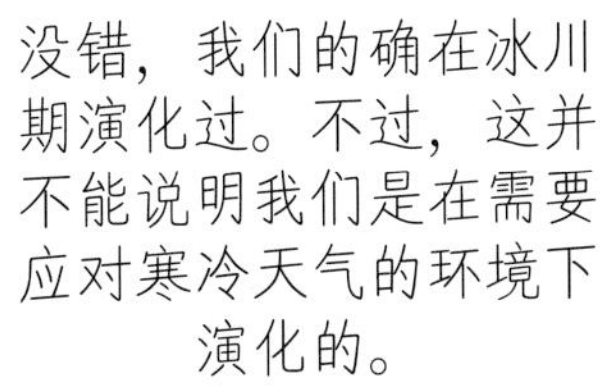

没错，我们的确在冰川期演化过。不过，这并不能说明我们是在需要应对寒冷天气的环境下演化的。

最早的人类出现在非洲，当时的非洲很温暖，绝对不是个冰天雪地的地方。

但那时候比恐龙灭绝的时代要凉快不少，也比恐龙灭绝后的几百万年要冷一些。
那几百万年还是很暖和的——

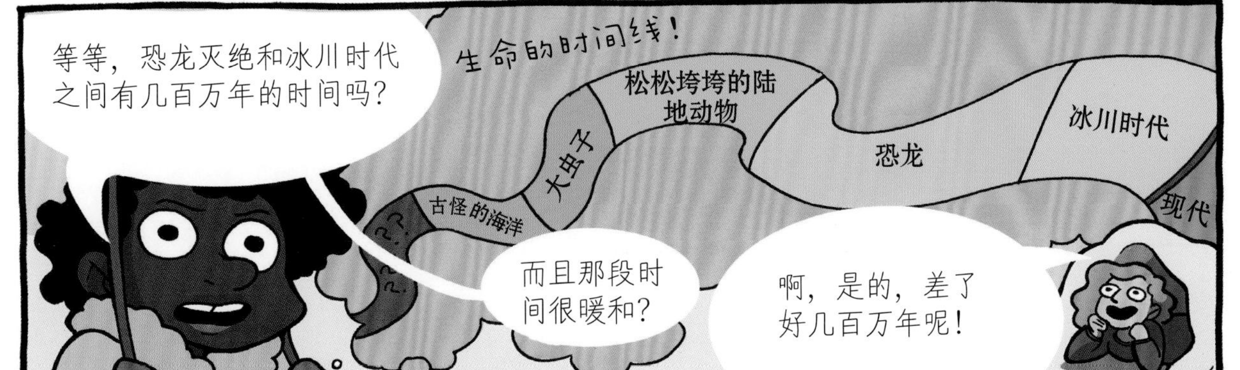
等等，恐龙灭绝和冰川时代之间有几百万年的时间吗？
生命的时间线！
古怪的海洋
大虫子
松松垮垮的陆地动物
恐龙
冰川时代
现代
而且那段时间很暖和？
啊，是的，差了好几百万年呢！

恐龙灭绝后不久，地球成了一座热带乐园。
雨林覆盖了地表，一直蔓延到两极。其中生活着许多非常奇妙的远古生物，它们是如今与我们共存的鸟类、哺乳动物和爬行动物的祖先。

那就快——快带我去这些暖和的地方吧。

哦，你对我们的
时代是如何起源
的感兴趣吗？

你想看看与我们共存的动物
是怎么来的，以及我们是如
何从树上跳下来，开始形成
社会的吗？

这听起来的确像是一次
既有教育意义又激动人
心，而且很暖和的旅行，
所以当然好啦！
让我见见这
些祖先吧。

这样我就能当面
抱怨它们没有演
化得能够抵御寒
冷天气了。

那我们出发吧！
你先请。

哇，这次不是走
垃圾桶了，真不错。

哦，这
样啊。

对不起啦，罗妮，
科学魔法的规矩
不是我定的。

好吧，至少这个
垃圾桶里不像上
次一样有垃圾。

在我们的旅行开始之前，我们首先要熟悉一下背景。
恐龙出现之前的那个奇怪的时代叫作**古生代**。
古生代
紧随其后的是**中生代**，也就是恐龙和哺乳动物出现的时代。
中生代
新生代
第三个时代叫作**新生代**，这是生命演化的各个地质时期中最短的一个。
它开始于6600万年前，一直延续到今天。

恐龙统治世界的时间长达1.75亿年，相比之下，6600万年就不算什么了！
第一种
恐龙
6600 万年前
现在
我猜这次我们可以快去快回了？
就知道你会这么想，不过，新生代到处都是有趣的小怪物，要看的东西可多了！

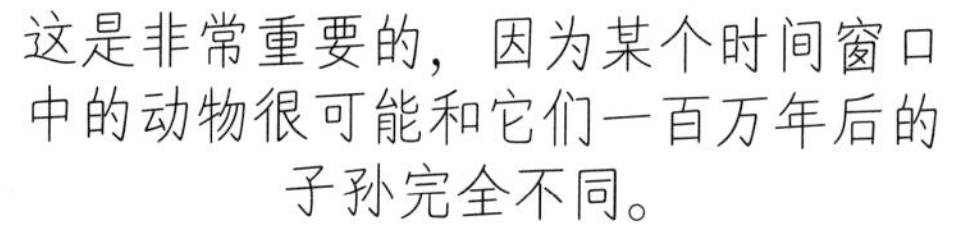

更重要的是让这些地质时期如此独特的动物和植物，我等不及要让你见见它们啦！

我们来到了新生代的第一站，那就是 5900 万年前的……
古近纪的古新世
这时候七个大洲还没有完全分开，动物依然可以在这些大洲之间穿行。
亚洲
欧洲
北美洲
非洲
印度洋岛
南美洲
大洋洲
南极洲

新生代
白垩纪
侏罗纪
中生代
三叠纪
古生代
我们在中生代的最后一个纪——白垩纪——看到了，当时发生了一场大灭绝。
这场灭绝让沧龙和蛇颈龙这样的海洋爬行动物从地球上消失了。
同时消失的还有非鸟恐龙类……
非鸟 = 不是鸟。这里指的是所有不是鸟类的恐龙（鸟类是恐龙的一种）！
以及我个人最喜欢的翼手龙。
不过，在大灭绝中，并不是所有动物都会灭绝。
我的好日子终于来啦！

如果你个子小小的，食谱又很丰富，那么你就更容易依靠大灭绝后贫乏的昆虫和植物活下来。
呃，我好饿啊！
就是，那些美味的树木都到哪儿去了？
真不知道它们在抱怨什么，我有好多幼虫可以吃。
食性单一的大型动物找到足够的食物要困难得多，所以它们往往不会幸存。
到了最后，世界慢慢复苏，动物和植物逐渐开始适应全新的环境。
这意味着又有了足够的食物来供养大型动物！
就这样，在大灭绝中存活下来的小型动物演化成了体形更大的动物，各种新奇而有趣的动物又填满了空着的生态位。
你还记得生态位是什么，对吧？
就是某种动物住在哪里，它吃什么，以及它被什么吃！
!

所以……让
我猜猜看。
是哺乳动物通过演化填补了空着的生态位？

没错！你是怎么猜出来的？

那次大灭绝发生的时候，哺乳动物看起来刚好是那种缺了灭绝的大量植物也能生存的小型动物。
而且我刚才问你，人类——一种哺乳动物——是怎么来的，
你就带我来这里了，所以……
你真聪明。
不过，就算你很聪明，在学习中心多花点儿时间也没坏处！
学习中心
一个在时间与空间之外认识世界的好地方
哎哟，我还以为我们要去看动物了。
别担心，我们很快就会看见的。

第一个问题，你知道哺乳动物和其他动物的区别是什么吗？

哺乳动物是由可以追溯到古生代二叠纪的下孔类动物演化来的，而且它们是目前唯一的下孔类动物，对吗？

这也是它们和其他动物区别那么大的原因，因为哺乳动物很早就走向另一个分支了，对不对？

哇，这些你都记得吗？

你说得很对，这的确是最大的区别所在。

不过，还有一个重要的因素让哺乳动物不同于其他所有现代动物……

科学家认为，乳汁是某种动物毛孔中渗出的液体演化而来的，这种液体就像汗水或出油一样，最初是用来让卵保持湿润且被包裹在营养物质中的。

哇！好恶心！

确实。

我们在现代的一些卵生哺乳动物，也就是**单孔类动物**身上能看到这种情况。这些动物没有乳头，它们是用和我们那些身上渗乳汁的共同祖先一样的办法分泌乳汁的。

它们的宝宝直接从它们身上把这些乳汁舔掉。

单孔类是哺乳动物的三个主要类型之一，每个类型在生育和抚养幼崽这方面都有不同的方式。

胎盘类哺乳动物怀孕的时间比有袋类动物或单孔类动物长，所以我们的宝宝生下来的时候发育得更加完善。

我们给了宝宝更多时间！

胎盘类哺乳动物的宝宝之所以能在妈妈的肚子里待很长时间，是因为有胎盘与它们相连。胎盘可以源源不断地提供给宝宝成长所需的养分与氧气。
嘿，就是我！

胎盘就像一个万能器官，它能做宝宝的器官还做不了的所有事情。
别担心，宝宝，我会过滤你的尿液的。
哇，谢啦！

但我觉得长个育儿袋更好，这东西看起来很有用。

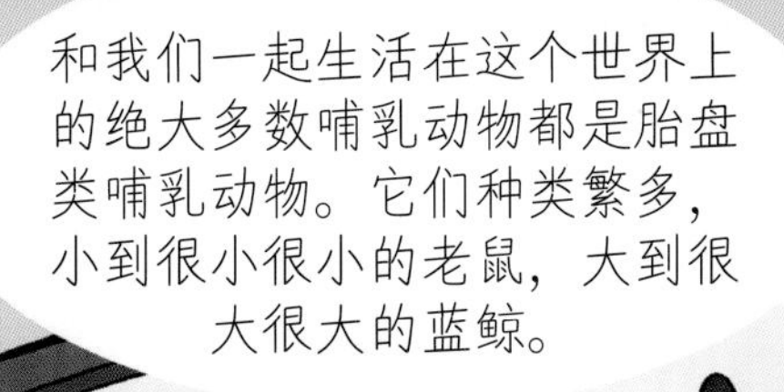
和我们一起生活在这个世界上的绝大多数哺乳动物都是胎盘类哺乳动物。它们种类繁多，小到很小很小的老鼠，大到很大很大的蓝鲸。

肉食性动物
灵长类动物
奇蹄目
偶蹄目

蝙蝠
非洲兽总目

啮齿动物和兔子
贫齿目

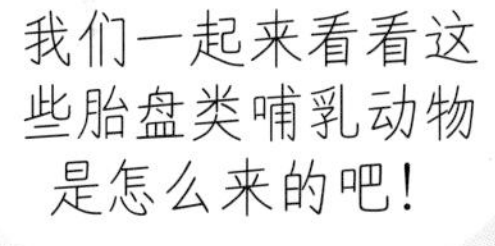
我们一起来看看这些胎盘类哺乳动物是怎么来的吧！

真盲缺目
（刺猬和鼩鼱等）

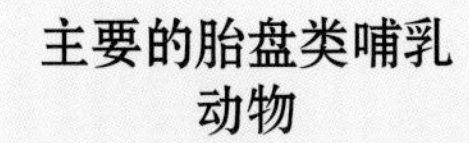
主要的胎盘类哺乳动物

欢迎来到古新世的亚欧大陆，也就是亚洲和欧洲组成的陆地。
你说这里很热，果然没错，太好啦。
虽然我说过，在新生代统治世界的是哺乳动物，不过……
贝日枭
恐龙还没有完全放弃统治地位哟。
哇！这只鸟真大！如果它想的话，一口就能把我的脑袋吞下去。
原恐角兽
幸运的是，它应该不会这么做。冠恐鸟虽然长得又大又可怕，却是植食性动物，吃的主要是坚硬的植物和种子，而不是小学五年级女生。
厚中兽
中国中兽
但这一带的哺乳动物就不好说了，比如厚中兽。
我的夹克……

虽然这些捕食者看起来和现代的肉食性动物有点儿像，不过，它们实际上和偶蹄的有蹄类动物更加接近，比如现代的猪和鹿。
“有蹄类动物”？
这是一个用来形容长了蹄子的动物的科学名词。
鹿
猪
河马
偶蹄目就是脚趾的数量为偶数的动物。
它们的奇蹄目表亲的脚趾数量是奇数。
这些吃昆虫的小家伙有朝一日会演化成马和犀牛！
帕氏家齿兽
不过，并不是所有古新世动物都有留存到现代的后裔。
这只新斜沟齿兽实际上是多瘤齿兽的一种。
它和我们在学习中心讲过的三个类型都不一样，是哺乳动物的第四个类型。
不走运的是，这些家伙几百万年后就灭绝了。
它们看起来和其他哺乳动物没啥区别呀。
那是因为不同类型的哺乳动物的区别在于它们生产和养育宝宝的方式。
以及我们的牙！我们每一类都拥有独特的牙齿。
多瘤齿兽类生下的宝宝又小又无助，就像有袋类动物一样，但它们的肚子上没有口袋。
我没有暖和的皮毯子盖！
我想，这对它们来说应该没有什么好处，因为古新世还没结束，它们的生态位就被胎盘类哺乳动物取代了。
哎哟，真遗憾呀，小家伙。

与此同时，另一群非常有趣的胎盘类哺乳动物开始在非洲创造属于它们的历史了。
这些动物被称为非洲兽，有朝一日，它们的家族中会包含大象、土豚和非洲蹄兔。
欧洲
北美洲
非洲
非洲蹄兔？
对呀，就是这些看起来有点儿像啮齿动物的小东西。
非洲兽总目
非洲蹄兔
它们和大象是亲戚？！
是的，它们是大象现存的近亲之一。
我们生活的世界真是不断让我震惊呀。
如果你亲眼看看古新世的非洲兽长什么样子，你可能就不会感觉它们之间的亲缘关系多么离谱了。
奥赛派兽
对于大象这种庞然大物来说，它们最开始的样子真是不起眼。

这里的有些非洲兽已经有了大象的雏形。
这才是我期望看到的。
赛迪道兽
初兽
哇！小心！
真是一只没礼貌的……小松鼠？
阿特拉斯猴
啊，你遇到灵长类动物啦，它是这个时代重要的动物之一。
这就是灵长类动物？人类就是从这种怪里怪气的松鼠演化来的？
就是这样。它长得这么像松鼠是很有道理的，因为松鼠是啮齿动物，而啮齿动物是和灵长类动物关系最近的近亲。
这个我还是第一次听说。
我再也不能用老眼光看待松鼠了。

我们已经看了很多胎盘类哺乳动物了，单孔类动物和有袋类动物怎么样了呢？
好问题！
想要看到这些动物的话，我们得跨越大洋到南美洲去。南美洲有很多非常惊人的东西。
非洲
南美洲
今天的中美洲在古新世还在水下，所以南美洲和北美洲之间没有陆地相连。
这意味着生活在南美大陆上的动物是与世隔绝的，没有新物种能来和它们融合或取代它们。
所以，在这里占据着各个生态位的哺乳动物与其他大陆的动物完全不同。
而且占据着某些生态位的根本就不是哺乳动物！
哎哟，这条蛇真大！
这是泰坦巨蟒，它是地球上生存过的最大的蛇，最长能到13米以上。
比现代的纪录保持者网纹蟒长多了！

幸好这时候人类还没有出现，我敢说我们刚好适合这条大蛇一口吞下去。
要是这只倒霉的焦兽像我们一样幸运就好了。
不幸的是，这些结实的有蹄类动物是泰坦巨蟒最好的猎物。
焦兽是奇蹄还是偶蹄呢？
两种都不是。它们属于一个在南美洲演化出的有蹄类动物族群，这些动物并没有亲戚幸存到今天！
在我们的旅程中还会见到很多这样的动物，它们还会在这里兴旺地生活上好几个"世"呢。
在南美大陆上繁荣发展的另一类哺乳动物是**贫齿目动物**。
贫齿目动物日后会包括树懒、犰狳以及食蚁兽，这些都是我最喜欢的哺乳动物。
犹他犰狳
我已经能看出它和现代的后裔长得很像了。它真是可爱！
而且身上长着……甲壳？
乌马约兽
是的，如果你生活在一个被爬行动物统治的世界里，你肯定需要厚一点儿的皮。
这些小家伙要担心的不仅是泰坦巨蟒能把它们缠得粉身碎骨的"拥抱"……

它们还得留神鳄鱼的血盆大口，比如贝氏鳄。在古新世的南美洲，贝氏鳄是体形最大的掠食者之一。
塞雷洪鳄
别以为水里就能安全多少，因为统治这片水域的是贝氏鳄的表亲冥河鳄以及另一种凶恶的爬行动物……
那就是巨大的淡水乌龟——煤龟。
吃肉的乌龟？乌龟不都是温和的植食性动物吗？
有些乌龟的确是，但有些乌龟是吃肉的，比如鳄龟和鳖。
食肉的乌龟是非常凶猛的，所以，煤龟毫无疑问是一种可怕的动物！

不过，你看，这里也有一些不那么可怕的动物，比如这只可爱的小鸟。
只有你觉得是小鸟，它都和我一样高了！
骇鸟
而且我一点儿都不信任它的眼神……
你的确不应该信任它。
这是已知最早的**骇鸟**，也就是俗称的恐怖鸟。
恐怖……鸟？
说到大型鸟类……

现在已经有企鹅啦！
威马奴企鹅
我们还在南美洲吗？
不在啦，我们现在到了澳大利亚，这里是单孔类动物和有袋类动物的乐园。
比如顽齿鸭嘴兽，现代鸭嘴兽的这些大个子亲戚在这里和南美洲都有分布。
它们是怎么跑到南美洲去的？

当然是通过南极洲啦！
你不会是想告诉我这里是南极洲吧？这个到处是树木和动物的地方？
对，我正是想告诉你这个。地球变得更加寒冷以后，南极洲才会变成一片贫瘠的荒原。
在现在和接下来的几百万年里，南极洲都是一片生机勃勃的土地。不过，与其他大洲相比，我们对这里的动物的了解实在是很少。
为什么这里的生物那么神秘呢？
因为在我们的时代，这片大陆已经变得极度寒冷且不宜居了（也就是说，人类不能生活在那里），所以南极洲的古生物发掘非常罕见。
真冷。
这意味着南极洲还有很多很多没被发现的化石。
那真是太棒啦！谁知道这里生活过什么神奇的动物呢？
这确实是一个美妙的谜团，我希望有朝一日我们能把它解开。

假如你想去一个发现过很多化石的地方，不用走太远，北美洲正是你要找的。
几乎在整个新生代，北美大陆都与亚洲和欧洲连在一起。即便是在我们的时代，这几个大洲依然是近邻。
欧洲
北极
格陵兰岛
北冰洋
北美洲
亚洲
这意味着动物们可以很容易地在这三个大洲之间来回穿行。
那边的叶子看起来不错。
北美洲
亚洲
前猫头鹰
比如双尖中兽，这是厚中兽生活在北美洲的亲戚，它们的祖先就是几百万年前跨越亚欧大陆来到这里的。
它们比我们见过的厚中兽大好多！
雄性
雌性
牛鬣兽
稚鬣兽

在北美大陆，双尖中兽可以捕食体形更大的动物，比如奇蹄目动物的杂食性表亲……
以及温顺又结实的钝脚兽，这种植食性动物并没有生存在现代的后裔。
这些钝脚兽的牙这么大，看起来更像是捕食者，而不是吃植物的动物。
它们的大牙不是用来撕肉的，而是拿来保护自己的。它们要面对的不仅有陆地上的哺乳类捕食者……
还有水中的爬行动物。
这只鸟呢？它是南美洲的恐怖鸟之一吗？
我应该怕它吗？
不用，它的亲戚是现代的鸭子和鹅。只要你不是水草、小鱼或虫子，它对你来说就完全没有危险。
长老会鸟
鳄龙
腕鳄
西莫多龙
说到虫子和小鱼，它们还要担心一种拥有空心骨骼的敌人……

蝙蝠是基本无害的动物（除了传播狂犬病之外），而且它们是为数不多的三种会飞的脊椎动物之一，另外两种是翼龙和鸟类。

这三种会飞的脊椎动物翅膀的结构完全不同，不过都是由同一组基础的前肢骨骼演化来的。

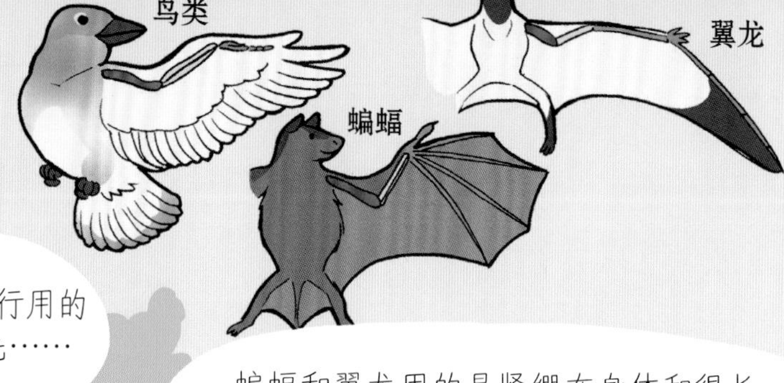

我们的下一站是……
始新世
古近纪的一个世
我们要到3600万年前去。
北美洲
欧洲
亚洲
非洲
南美洲
印度半岛
大洋洲
南极洲
那是个温暖而湿润的时期，整个地球从南极到北极基本都覆盖着热带雨林。
虽然当时的世界基本上是湿润的，但并不代表没有干燥一些的地方……

比如亚洲的大草原。
对呀。差不多在恐龙灭绝的时候，这些草才开始演化，所以它们存在的时间并不长。
这些草是经过不少时间才演化出来的，对吧？
我们在古新世看到过一些草原，不过它们分布得没有始新世这样广泛，也没有这么成功。
草是一种非常顽强坚韧的植物，和叶子更多的亲戚相比，它们只需要很少的水就能生存，所以，它们自然能够占领那些原本一片荒芜的地方。
疑猴
一种灵长类动物
尤因它兽
不是一种雷兽！
雷犀
糟糕，我要脱水干死了。
嘿嘿，傻了吧。
这种新生的食物来源既分布广泛，又长得离地面很近，为植食性动物和掠食者开放了一些有意思的全新生态位。
比如这些新出现的奇蹄目动物雷兽占据的位置。
鼻雷兽
茂虎
一种伪剑齿虎
看看这些家伙的大鼻子！
它们长得好像犀牛呀，它们是亲戚吗？
实际上，和雷兽血缘关系更近的是马。

这只始巨犀是巨犀属的一员，它才是犀牛的近亲！
可是，它看起来更像马。
演化有时候就是会闹出点儿稀里糊涂的小问题。
巨犀属个子大这一点非常有名，你看到始巨犀的亲戚额尔登巨犀就明白啦。
我的老天爷！这比我们见过的所有东西都要大！
裂肉兽
强中兽
当然，既然有了大型植食性动物，就肯定有大个子的捕食者，比如这些吓人的安氏中兽。
这种巨大的肉食性动物可能是河马和猪的亲戚，想想在我们的时代这两种动物多么凶猛，安氏中兽很可能也是厉害的猛兽。
河马和猪很凶猛吗？
当然，它们看起来很可爱，其实是很凶残的。

安氏中兽并不是河马生活在远古的亚欧大陆上的唯一亲戚。
在这片大陆的最西边，我们能够见到可怕的完齿兽。它所属的家族是一种杂食性偶蹄目动物，名叫豨科。
哎呀，看看它的大牙！
巨鬣齿兽
这一带还生活着一些彻头彻尾的肉食者，从大块头的巨鬣齿兽……
到小巧玲珑的小古猫。小古猫是现代肉食性动物最古老的祖先之一。
小古猫
肉食性动物不就是“吃肉的动物”的意思吗？这些家伙不都是肉食性动物吗？
是这样，不过，在哺乳纲之下有一个目叫作**食肉目**。
食肉目包括了猫、狗、熊、鼬……在我们的时代，基本上所有吃肉的哺乳动物都属于这个目！
鬣狗
猫
鼬
狗
海豹
熊
浣熊
食肉目
鬣齿兽
完齿兽
而它们都是从这只可爱的小肉食性动物演化来的，其他肉食性哺乳动物则没有生存到现代的后裔了。

至于这些大型肉食性动物吃什么，这一带有好几种大型植食性动物，比如雷兽……
尼古鲁猴
以及这些偶蹄目植食性动物，它们也是河马的近亲。
这时候的偶蹄目动物真多呀，它们占据了各种各样的生态位。
它们非常成功！
沼泽炭兽
石炭兽
我们很快就能看到，它们甚至占领了哺乳动物没有占据过的生态位！
不过，当然，它们并不是唯一大获成功的植食性动物。
这一带还有一些动物，比如克里瓦迪亚兽，虽然它们没有幸存到现代的后裔，整个始新世却都能看到它们的亲戚那惊人的身影……
长鼻跳鼠

比如长着两只角的非洲巨兽埃及重脚兽，它们是这个时代最令人震撼的植食性动物之一。
不过，非洲很快就成了大象的天下，我们在古新世遇到的大象的小个子亲戚这时候开始演化成各种新奇有趣的模样。
哇，就像这个家伙一样！它的嘴怎么啦？
这只可爱的渐新象是一种拥有铲形嘴巴的长鼻目动物，现代大象也是这个家族的成员。
古乳齿象
一种长鼻目动物
钝兽
一种长鼻目动物
鬣齿兽的亲戚
始祖象
一种长鼻目动物
双拐脊齿猬

这非常好记，因为它们鼻子长，所以叫长鼻目动物。
不过，大象的鼻子不是叫象鼻吗？
是呀，这只是同一个怪模怪样的器官的不同名字而已。
渐新象会使用它们的长鼻子和大牙卷起一大束植物，再把它们塞进长长的嘴巴里。
硕阿拉伯鼠
也有一部分非洲兽和它们毛乎乎的祖先非常相似，比如巨大的泰坦蹄兔。
非洲的其他哺乳动物也愉快地开拓了全新的领域，比如阿翼齿兽，这是鬣齿兽的一种半水生的亲戚。
阿翼齿兽

过得很开心的不仅仅是哺乳动物，这一带也有不少不会飞的大型鸟类。
走隐士鸟
以及长度和网纹蟒有一拼的巨型蛇类。
非洲巨蟒
见过泰坦巨蟒后，这家伙看起来简直微不足道。

神奇的景象一直延续到海边，比如这种大型水鸟巨伪齿鸟。
它的翼展有6米多长，这让它成了最大的长着“假牙”的鸟之一！

这些牙齿在我看来可不假……

如果你仔细看，就能发现这些“牙齿”其实只是鸟喙上的锯齿，这是用来帮它抓鱼的。

虽然名字不叫牙齿，不过它撕起肉来一样凶残，薛西小姐。
哇……真是智慧之言。

我们能去看看可爱的动物吗？至少它们看上去没那么想把我的眼睛挖出来。
当然！这一带正好有一些既可爱又重要的动物。
山地狐猴
一种狐猴
亚辟猴
一种猴子
灵长类动物正在始新世非洲的热带雨林中兴旺发展，而且它们非常可爱。
双菱猴
一种猴子
绝大多数灵长类动物都是狐猴的近亲，狐猴是最古老的灵长类动物之一。
小猫咪猿
狒狒的近亲
非洲眼镜猴
不过，其中也有一些是狒狒等灵长类动物的近亲，狒狒和我们类人猿的关系更近。
哎哟，我们要是一直是这种可爱的样子就好了。
我也希望这样，罗妮。
我有一条很酷的尾巴！而且我不用穿衣服！
我也希望。

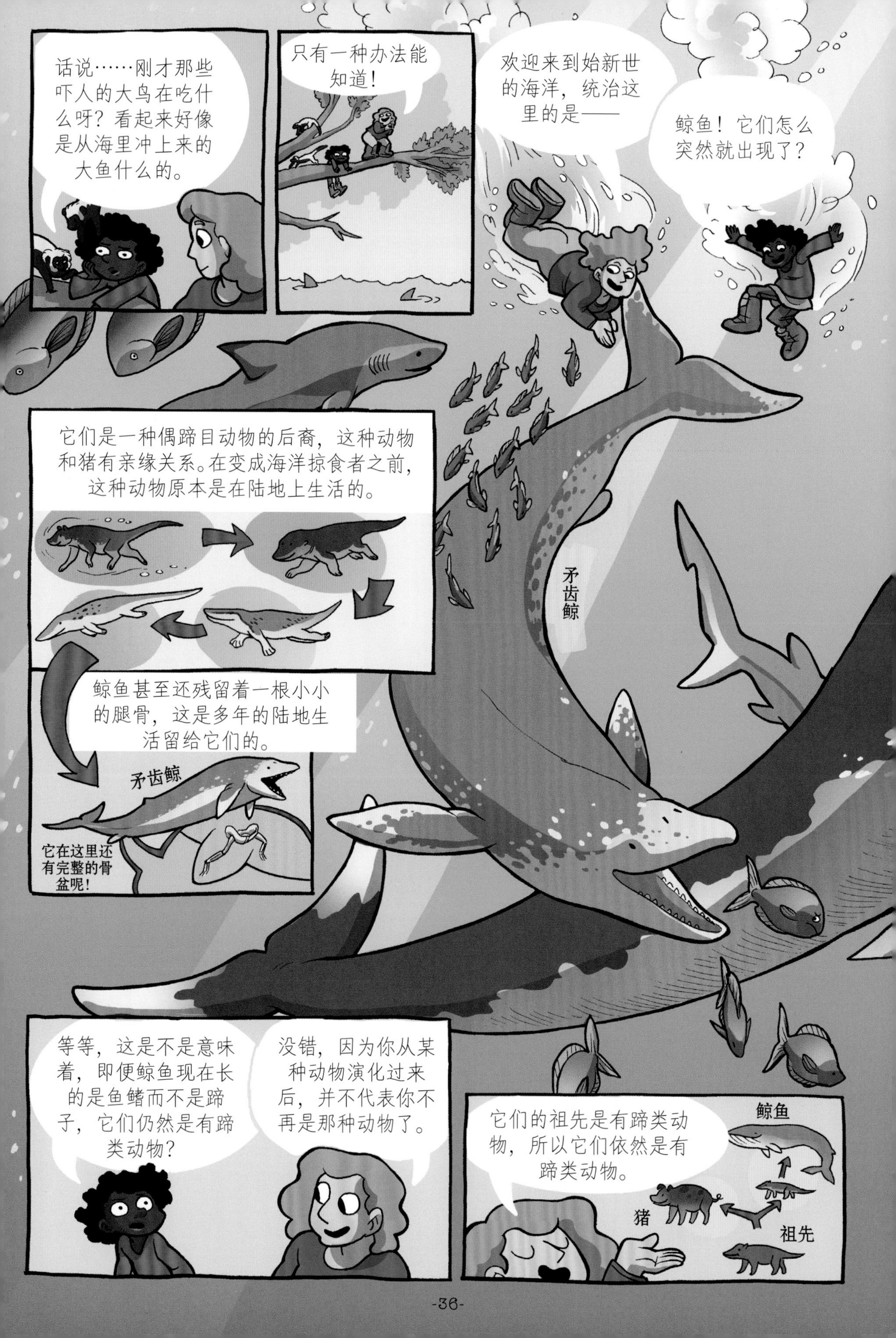
话说……刚才那些吓人的大鸟在吃什么呀？看起来好像是从海里冲上来的大鱼什么的。
只有一种办法能知道！
欢迎来到始新世的海洋，统治这里的是——
鲸鱼！它们怎么突然就出现了？
它们是一种偶蹄目动物的后裔，这种动物和猪有亲缘关系。在变成海洋掠食者之前，这种动物原本是在陆地上生活的。
矛齿鲸
鲸鱼甚至还残留着一根小小的腿骨，这是多年的陆地生活留给它们的。
矛齿鲸
它在这里还有完整的骨盆呢！
等等，这是不是意味着，即便鲸鱼现在长的是鱼鳍而不是蹄子，它们仍然是有蹄类动物？
没错，因为你从某种动物演化过来后，并不代表你不再是那种动物了。
它们的祖先是有蹄类动物，所以它们依然是有蹄类动物。
鲸鱼
猪
祖先

那么，鲸鱼是怎么在水里生存的呢？它们是有鳃之类的吗？
没有，它们只是非常非常擅长憋气而已。
龙王鲸
哈哈！薛西小姐，这个笑话可真逗！
不，我是说真的。
就连抹香鲸也是这样，它一次可以在水下憋气90分钟。
真让人难以置信。
剑喙旗鱼
辛西娅鲸
这一招对于它们来说非常好用，对于其他返回海洋的脊椎动物来说也是如此。

比如这些海牛目动物，它们的祖先和大象是近亲。
现代海牛目包括儒艮和海牛，它们不仅是唯一的植食性海洋哺乳动物，在我这个科学家看来，也是最温柔可爱的海洋哺乳动物。
儒艮
海牛
侏儒海牛
始海牛
哇，始新世的哺乳动物真忙。
短短几百万年的时间里，就演化出了两种完全不同的海洋哺乳动物。
非常厉害！

爬行动物也没闲着，你看，这条海蛇有 9 米多长呢！
古杯蛇
我甚至不知道还有海蛇这种东西！它们和鳗鱼是一回事吗？
海蛇是爬行动物，鳗鱼则是鱼类。
我懂啦！虽然它们看起来差不多，也生活在同样的地方，但它们是两种完全不同的动物演化来的，所以它们是不一样的。
哺乳动物
爬行动物
鳗鱼（鱼类）
两栖动物
鱼类祖先
不可能神奇地变成鱼
在我们的时代，海蛇体形更小，它们毒性超强，也超级可爱。
可能只有你觉得可爱吧，薛西小姐。
至于其他海洋脊椎动物呢，甚至有一些鸟类投入了海洋生活。

比如这些非常非常大的企鹅，它们生活在南极洲和澳大利亚。
剑喙企鹅
在我们的时代，体形最大的企鹅是帝企鹅。跟这些大个子相比，帝企鹅只不过是小不点。
古冠企鹅
帝企鹅
剑喙企鹅
厚企鹅
巨鸭
一种伪齿鸟
厚企鹅
对了，我们在北边的那几个大陆上都没看到过企鹅。
闪兽
它们为什么不往北边去呢？
古冠企鹅
弓企鹅
因为北边很热呀！
企鹅喜欢生活在比较冷的水里，所以它们从来没有越过赤道。
不过，在我们的时代，企鹅的足迹一路延伸到了加拉帕戈斯群岛，所以它们对温暖的天气并不陌生。
中美洲
加拉帕戈斯群岛，其中好几个岛屿在赤道以南！
南美洲
赤道
虽然我们从来没有在赤道以北发现过企鹅的踪影，它们却占领了南半球的每个海岸，甚至包括……

南美洲，这里有一批独特的始新世企鹅。
伊卡企鹅
哇，还有这种陆生鳄鱼！
是的，南美洲的老大依然是爬行动物。这里的顶级掠食者是这种只在陆地上狩猎的鳄鱼，它们和那些生活在水里的表亲是非常不一样的。
叫鹤
西贝克鳄
巴里纳斯鳄
这家伙和大象没有关系，对吧？
我已经被这些南美洲的哺乳动物骗过一回了，不过，它的鼻子和牙齿看起来跟非洲兽好像呀。
哥伦比亚兽
确实没有关系，闪兽目动物并不属于非洲兽类，它是一种生活在南美洲的有蹄类动物，就像我们在古新世见过的焦兽一样。
异关节类动物
南柱兽

这是趋同演化的一个例子，虽然这两种动物分别属于不同的种类，但是它们演化出了非常相似的特征。

这些灵长类动物是怎么到这里来的呢？我还以为南美洲是个与世隔绝的地方。
它们当然是漂洋过海来到这里的。

怎么，它们难道是坐着小船来的？
对呀，差不多。

它们的祖先很可能被暴风雨冲到了海上，然后抓住了某种可以当“救生筏”的东西或随便什么和它们一起被冲进海里的植物，活了下来。

最后，它们一路漂到了南美洲，在这里生存的时间又足够长，能够生下宝宝来占领这片全新的领地。
这个地方真棒！
是呀！这里的水果也好吃！

但是……它们怎么能在这样一段旅途中活下来呢？这看起来简直完全不可能呀！
这确实是个疯狂的主意……

不过，我们在现代见过类似的情况，所以我们知道这确实是可能的。
1995 年，一场飓风让15只绿鬣蜥乘上“木筏”自瓜德罗普开始漂流。
它们在海上漂流了三百多千米，一直到安圭拉岛。
安圭拉岛
这样一来，安圭拉岛上才有了绿鬣蜥！
我们管这种现象叫“漂流”！

虽然灵长类动物和啮齿动物的加入让南美洲有了一些向主流靠拢的意思，这里的本土动植物却变得越来越奇怪了。
比如，这里有一种古怪的新植物占据了这片大陆上最干燥的地区……
秃鹫
这就是一丛灌木……
你说得没错，这看起来是很像普普通通的灌木丛。
这株个起眼的植物是最早的**仙人掌**，日后会演化得能够在最干旱的地方生存。
哇！
它长了好多叶子，和我认识的仙人掌看起来一点儿都不像。
对，在我们的时代，很多仙人掌科植物没有叶子，它们会把省下来的水分和营养储存在粗壮的枝干里。
有些仙人掌科植物还有叶子！
枝干上长满了小刺，口渴的动物就没办法吃它们了。
仙人掌真的很酷，现在想想……在这么干旱的环境下也能生存，真的是很了不起的成就！
没错！

这只不过是始新世许许多多奇妙的新生事物之一。
北美洲
欧洲
非洲
南美洲

像马这种优雅美丽的奇蹄目动物也是在这个时代出现的。

这些马只有 60 厘米高……
不管什么事都得有个开始嘛！
渐新马

嘿，它们的蹄子怎么了？马每只脚上应该只有一个蹄子吧？

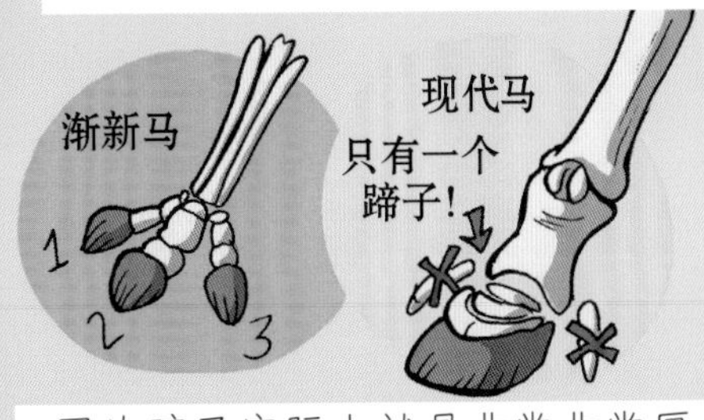
它们最终会变成一个蹄子的。目前的马长着好几根脚趾，这意味着它们有好几个蹄子。
渐新马
1
2
3
现代马
只有一个蹄子！
因为蹄子实际上就是非常非常厚的脚指甲！

也就是说，在我们的时代，马儿一直只用一根脚趾跑来跑去？

用的还是脚趾上的指甲部分？

这么一想，马变得很奇怪！

我想，你再也无法用老眼光看待马了。

鲁恩猴
和渐新马一起生活在这片草原上的有它们体形巨大的亲戚——雷兽……
原巨雷兽
巨角犀
以及最古老的犀牛之一——三角犀。
先兽
骆驼的一种！
高鸟
新秃鹫

这家伙看起来有点儿像我们在亚欧大陆见过的杂食性动物，就是又大又吓人的那个。
是的，这只古巨猪是偶蹄目的豨科家族的一员。
就像其他豨科同胞一样，古巨猪既吃动物又吃植物。
联蹄兽
伪剑齿虎
北方鳄
恐鬣齿兽
鬣齿兽
最小的种类
哎哟，看看这家伙的大牙！古巨猪绝对是我们见过的最可怕的掠食者。
不过，你也得承认，它们非常迷人！还有这些在北美大陆上游荡的毛茸茸的小个子掠食者……

哎哟，这些掠食者真可爱。
黄昏犬
一种犬科动物
虽然看起来差不多，但是这几种小型肉食性动物来自不同的哺乳动物家族。其中一种是犬科……
哦？犬科？这是远古时代的小狗狗吗？
是呀，你的推测完全没错！
达泊恩犬熊
还有一些动物来自我们从来没有见过的种群，比如犬熊，它们既不是狗，也不是熊，但和这两种动物都有点儿亲缘关系。
始剑齿虎
一种伪剑齿虎
三角锥齿兽
鬣齿兽的亲戚
还有伪剑齿虎，它们虽然演化出了长长的尖牙，却和著名的剑齿虎家族没有关系。
小古猫
它们被称为“伪剑齿虎”的原因：虽然它们长得很像猫，也长着剑一样的长牙，但是它们跟猫的亲缘关系不算很近，就跟鬣狗和猫的亲缘关系差不多。
猪齿兽
一种奇蹄目动物
哦，所以，这又是一个趋同演化的例子！
你说得没错！
到现在为止，我们差不多已经见过所有日后会和我们一起生活的动物了。
你想看看它们能长多大吗？
当然啦！

我们接下来要去的是……

渐新世

古近纪的最后一个世

我们要回到2400万年前。

等等！这是什么东西？
什么？
树懒
你是说这边的巨铠鼹吗？
我知道我们还没见过这样长着犄角的犰狳，但你没必要这么没礼貌——
不，我说的是那些大鸟！
厚南兽
豚吻马形兽
啊，当然了，迷人的骇鸟！
安德鲁斯鸟
南美洲有蹄类
呃……它们像冠恐鸟一样是植食性动物吗？
不是，它们是肉食性动物，而且是这一带目前最大的肉食性动物。
裸翼鸟
焦兽
为什么南美洲不能像其他大洲一样，只有普通的哺乳动物掠食者呢？
这个嘛，其他大洲也有个例外……

南极洲
大洋洲
大洋洲，果然……我就知道这里一定会变得更奇怪的。
这片大陆依然是爬行动物的天下，这里的顶级掠食者是这种生活在陆地上的鳄鱼——金卡纳鳄。
不过，这里的哺乳动物也变得既多样又丰富了，有袋类动物已经占据了各种新奇而有趣的生态位。
剑齿异袋鼠
强齿袋鼠
亚拉拉袋兽
雷米兽
库克袋鼠
我明白了，澳大利亚有最可爱的哺乳动物。
一点儿没错！
这里的动物甚至比我们在非洲看到过的始新世灵长类动物还可爱，几乎没有什么能比它们更可爱了！
说到非洲的灵长类动物……

非洲刚刚演化出了一个有趣的新种群。
这些以水果为食的灵长类动物很可能就是最早的类人猿，日后我们人类也会是这个家族的成员之一。
切尔格兽
一种长鼻目动物
鲍氏爪兽
类人猿和普通的猴子有什么区别呢？
类人猿没有尾巴！
而且和先祖相比，它们更加聪明，这也是这些卡莫亚猿的一个典型特征。

与此同时，北方的欧洲有一种凶恶的哺乳类掠食者刚刚登场了。
亚洲
欧洲
北美洲
印度半岛
非洲
……
凶恶是对于昆虫来说的。
哇，够狠。
双猬属动物是最古老的刺猬之一，它们属于一个我们到目前为止还没怎么谈论过的目……
那就是真盲缺目，这个目包括现代的鼩鼱、鼹鼠，当然还有刺猬。
有几种动物虽然名字里有“鼩”或“鼹”，却属于其他哺乳动物种类，所以有点儿容易搞错！
象鼩
金毛鼹鼠
都是非洲兽类
这时的欧洲是很多新动物的家园，而老动物在亚洲长了不少个子。
紧齿犀
犀牛的亲戚
新兽
一种偶蹄目动物
和猫有亲缘关系的肉食性动物
窄颅河狸

哇！你真不是说着玩的！
这只巨犀不仅是巨犀科中体形最大的，可能也是地球上存在过的最大的哺乳动物。
你还记得巨犀是什么吗？
记得，它们是犀牛的亲戚，但是长得和马很像。
不过，这家伙看起来很像犀牛。
是的，它比我们见过的所有巨犀都要粗壮结实。它的骨架是那么庞大，需要很多肌肉才能带得动！
塞德猴

巨犀并不是这一带唯一的庞然大物，看看豨科的副巨豨，它是豨科里个子最大的。
它会用强壮有力的大牙把骨头咬碎吃下去。
石炭兽
一种偶蹄目动物
亚洲饕餮猫
骨头
肉
树根
豨科的饮食结构金字塔
不过，它们也会嚼坚硬的树根。什么都吃是很重要的。
我对豨科了解得越多，越觉得它们好可怕呀。
说到又大又可怕的动物，是时候去游个泳啦！

到海里来看看有什么恐怖的东西等着我们吧。
来见见巨齿鲨，这是我们发现的最大的鲨鱼，它最长能长到18米以上呢！
好大的鲨鱼……
这种鲨鱼已经灭绝了，对吧？
当然，它们在差不多250万年前就灭绝了。
还好……
特氏晶石龟
海底霸王鲸
巨齿鲨虽然大，却并不是纵横海洋的动物里最大的一种。
这个头衔的拥有者是蓝鲸。
蓝鲸
巨齿鲨
迷惑龙
人类
哈瓦罗阿鲸
蓝鲸是这些须鲸的后裔。
艾什欧鲸
须？
它们嘴巴里那些像刷子一样的东西叫“鲸须”，这是用来把食物从海水中过滤出来的。
磷虾
一种小小的甲壳类动物
这些古老的鲸鱼既有牙齿，也有鲸须。但现代须鲸没有牙齿，吃的主要是一些很小很小的东西，比如磷虾之类的。

与此同时，还有很多鲸鱼依然是满口尖牙的掠食者，比如海豚。
鲛齿鲸
等等，你是说海豚也是鲸鱼吗？
没错，海豚是鲸鱼的一种，就像我们人类是类人猿的一种一样。
肯氏海豚
不过，这边的达氏海幼兽绝对不是鲸鱼，它是海豹最古老的亲戚。
海豹是由跟熊和鼬有亲缘关系的肉食性动物演化来的！
你是说，即便海里有巨齿鲨之类的可怕的动物，还是有第三类哺乳动物演化得适合在海洋里生活了？
对。这里在我看来可怕极了，我肯定不想生活在这里。
但是，既然有这么多动物愿意在演化出腿以后回到这里生活，我想，海里的食物一定又多又好吧。

很好，看起来更像那么回事了。这些哺乳动物在演化中将自己的优势发挥到了极致，并且一直留在安全的陆地上。
反正……如果你是顶级掠食者的话，这里当然很安全啦。
近凤冠雉
近牛岳兽
并角犀
天哪，这些豨科的家伙分布得确实很广呀，是不是？
而且不管它们走到哪里，都会变成当地最大的掠食者。
恐颌猪
让蒂尔驼
渐新马

当然，这并不能说明它们是体形最大的动物。
这一带的很多植食性动物都变成了惊人的大块头，比如这种半水生的犀牛——雨栖犀。
伊科格莫镜猴
不过，北美洲的绝大多数哺乳动物依然很小，比如生活在树上的啮齿动物，以及这些吃草的小个子有蹄类动物。
壮鼠
一种啮齿动物
狭齿驼
对于在这一带晃悠的非哺乳类掠食者来说，这样的体形让这些小家伙成了完美的目标。
须齿兽
一种伪剑齿虎
鳄鱼
细鬃鹿
一种偶蹄目动物
高鸟
中新猪

糟糕，又是这种大鸟！这些家伙简直到处都是，对吧？
这难道不是很棒吗？这些巨大的肉食性鸟类刚好能够提醒我们，恐龙不仅没有真正灭绝，而且随时能给我们哺乳动物来点儿颜色看看。
高鸟
猎虎
一种伪剑齿虎
近凤冠雉
始祖犬
一种能咬碎骨头的狗
古河狸
一种啮齿动物
大耳犬
而且它们并不是这一带唯一的巨型鸟类，你看这边的桑氏伪齿鸟……
这种鸟的翼展最长有6米多呢。
真的，而且它是那种可怕的长着牙齿的鸟。
渐新世有太多又大又可怕的鸟儿啦，我已经看够了。
哎呀，那我有个坏消息……

这种情况在下一个时期
并不会好多少，那就是
700 万年前的……

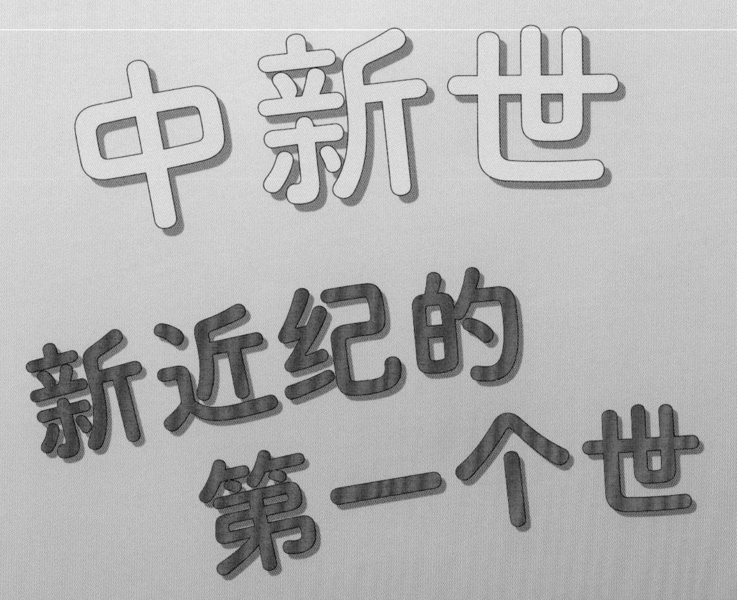

我的天……
南美洲的恐怖鸟家族此时到达了体形的顶点，甚至有高达2.4米的迪宾森西鸟。
这里也是一种有史以来最大的飞鸟的家园，那就是阿根廷巨鹰，它是现代秃鹫的亲戚。
原叫鹤
我甚至不知道鸟类能长到这么大。
它们当然可以！南美洲还有一系列有趣的哺乳动物掠食者，比如袋剑齿虎，它们和有袋类动物有亲缘关系。
安达尔加拉鸟
中新地懒
袋剑齿虎
它们看起来很像剑齿虎，但这一定是趋同演化的结果，对吧？因为我很确定，剑齿虎是胎盘类哺乳动物，而不是有袋类动物。
没错！你真是太聪明啦！

南美洲的有蹄类动物
双兽
箭齿兽
这一带的绝大多数胎盘类哺乳动物是植食性动物。
双滑距兽
一种南美洲有蹄类动物
这并不意味着这里没有胎盘类掠食者，比如这个小家伙，它是浣熊的亲戚，是一路从北美洲来到这里的！
豚南兽
这里也有一些有意思的本地掠食者，但和北方的同伴比起来，它们看着怪里怪气的。
犬浣熊
巨六带犰狳
呃……这是犰狳吗？
是的，不过是巨大的肉食性犰狳。
南美洲真是个奇怪的地方。
没错，而且你还没看见水里有什么呢。

在上一个世出现的树懒逐渐开始向着全新的生态位进军，比如这只半水生的海懒兽。
它生活在一片非常危险的水域，到处都有巨大的乌龟、鱼类和鳄鱼。
普鲁斯鳄
这家伙比我认识的树懒大多了。
是呀，树懒以前是大家伙！
海懒兽
骇龟
大食人鱼
钩鼻鳄
一种巨大的恒河鳄

不过，它们跟后弓兽没得比，那是南美洲最大的植食性动物之一。
嗯……这家伙看起来和猪很像，难道猪最早是在南美洲出现的吗？
苏拉古鹿
平头猪
它确实是一头猪，不过这里并不是猪第一次出现的地方。
它的祖先就像我们刚刚看到的犬浣熊或这里的苏拉古鹿一样，是一个岛屿一个岛屿地从北美洲来到这里的。
南美洲与北美洲这两块大陆正慢慢变得越来越容易跨越，于是南北美洲生物大迁徙就这样开始了。
肺鱼
鲶鱼

而且这种迁徙是双向的，南美洲的动物也来到了北美洲。
这些家伙看着有点儿像水生的树懒，它们是从南美洲过来的吗？
滩涂懒
你猜得一点儿没错，这是大地懒，它们已经开始在北美洲安家啦。
巨爪地懒
这个动物看着就没那么眼熟了……它也是地懒吗？
这是爪兽，一种奇蹄目动物，它已经没有幸存到现代的后裔了。
哦！也就是说，它跟马和犀牛有亲缘关系。
三趾马
它看起来跟马和犀牛完全不一样，就像一匹想变成大猩猩的马。
巨爪兽
莱坡菲古斯狼
现代狼的近亲
你的描述很有意思！而且把它和三趾马这样真正的马儿放在一起看的话就更奇怪了。
有角囊地鼠
一种啮齿动物

看到骆驼在北美洲溜达也感觉怪怪的。
是呀，虽然现在北美洲没有骆驼，但它们最开始是在北美洲出现，然后逐渐扩散到世界各地的。
有些骆驼甚至来到了南美洲，最终演变成了如今的羊驼！
大驼
古骆驼
颌铲象
恐马
扁齿象
脸像铲子一样的非洲兽也来到这里啦。
那个是……大象吗？
猫齿犬
一种可以咬碎骨头的狗
半犬
差不多！它们都是长鼻目动物，真正的大象还在演化之路稍微靠后的位置上。
整体来说，这些动物看起来都变大了不少啊。
一种犬熊
轭齿象
古猫
首角鹿
那是当然。而且变大了的不只是生活在陆地上的动物……

海洋中的生物也变得非常大，比如这边的利维坦鲸，它是一种庞大的抹香鲸。
这条鲸鱼的牙齿看着好厉害！
大白鲨
巨齿鲨

是呀，抹香鲸和须鲸不一样，它们会攻击并吃掉其他大型动物，比如巨大的乌贼。
横轭抹香鲸
尖喙鲸
古索齿兽
哎哟，看来这一带不止鲸鱼长着唬人的大牙，是吧？
没错，这条2.4米长的鱼是鲑鱼的亲戚，它就长了一些有模有样的牙齿。
我们是看到了很多长着“剑齿”的哺乳动物，可是……鲑鱼也这样？
这太诡异了！
不过，它看起来很酷呀！难道不是吗？
不……
好吧，每个人的喜好不一样嘛。

我们得继续跟大型动物打交道，亚洲和欧洲有很多……
西瓦古猿
巨猿
森林古猿
巨大的类人猿……
哎呀！
新鬣兽
鬣齿兽的亲戚
巨大的陆龟……
巨鳖龟
我的老天！
巨大的爪兽……
砂犷兽
这比我们在北美洲看到的大多了！

巨大的牛科动物……
是牛！这是我们第一次看到牛，真不错！
原牛
始羚
草原野牛
古长颈鹿
山西兽
布拉马兽
以及长颈鹿的一些个子没那么大的亲戚，它们的角很酷。
它们好漂亮呀！
梯角鹿
始麋鹿
倭猪
始长颈鹿

当然，你想看的巨型长鼻目动物这里也都有。
剑棱齿象
恐象
四棱齿象
剑齿象
互棱齿象
中华乳齿象
铲齿象

这里还有许多我们见过的迷人的中新世生物！
三趾马
副驼
半剑齿虎
祖熊
犬属
库班猪
猪的一种
无角犀
一种犀牛
半犬
其中包括更多的类人猿。
我们的类人猿表亲与我们在演化树上的距离越来越近了。
欧兰猿

与此同时，大型类人猿的几个主要族群已经在非洲出现了，比如大猩猩的这些远古亲戚，它们属于植食性动物。
可是它们的牙齿又大又吓人！
这些大牙不是用来打猎的，它们只会把尖牙用在自我保护、展示、威胁以及与同族或外来威胁打斗的时候！
非洲拥有许多与亚欧大陆相同的野生动物，比如这些长鼻目动物，因为这三块大陆彼此之间距离很近。
恐象
剑棱齿象
轭齿象
互棱齿象
鲁辛加犀
伟鬣兽
副鬣狗
鬣狗的一种
太古河马
非洲鬣兽
始羚
不过，有一块与世隔绝的大陆，那里的生物完全不一样。
我知道你说的是哪里了。

澳大利亚！
我就知道。
难道这只大鸟也是那种凶恶的肉食性鸟类吗？
没错，就是澳大利亚。哺乳动物在这里的食物链上依然处于相当低的位置。
这只奔鸟实际上是植食性动物，所以当地的哺乳动物并不怕它。
它们需要小心的是可怕的金卡纳鳄，金卡纳鳄在这个时代依然活得好好的。
卷角龟
金卡纳鳄
袋熊
袋鼠
袋貘
原针鼹
顽齿鸭嘴兽

金卡纳鳄并不是这一带唯一的鳄鱼。
虽然这种小小的三棱鳄大概终生都像普通的鳄鱼一样度过，不过它们很有可能会爬树。
鳄鱼爬树？澳大利亚真是个奇怪的地方。
其实所有体形够小的鳄鱼都能爬到树上的，所以并没有你想的那么怪啦。
如果你住在佛罗里达，没准儿你家后院的树上都趴着鳄鱼哦！
我很喜欢鳄鱼……不过，想到这个，我心里有点儿发毛。
看，也许这个看起来很适合抱抱的肉食性哺乳动物会让你轻松一点儿。
小袋狮虽然是有袋类，却填补了猫科动物掠食者的生态位。它们是袋狮家族最古老的成员之一，而袋狮是澳大利亚最大的哺乳动物掠食者！
虽然它们和猫在同一个生态位上，但这牙齿看起来一点儿都不像猫。
纤考拉
是吧？它们又酷又奇怪！

看着这个世界一点点地变成我们熟悉的样子，这感觉真的很神奇。
很奇妙，对吧？马上就要出现戏剧性的变化了。我们接下来要去的是约 300 万年前，准确地说是 270 万年前，进入……
上新世
新近纪的最后一个世
这是冰川时代的开始！
糟糕，那一定很冷吧。我跟你回到过去就是为了躲开大雪天的，到了冰川时代我一定会冻死。
欧洲
亚洲
印度半岛
北美洲
非洲
大洋洲
南美洲
南极洲
别担心，冰川时代刚刚开始，还没有那么冷。
世界上还有很多没有雪的暖和的地方，尤其是赤道附近。

南美洲的气候
就挺舒服的。
海中浮冰的形成导致了海
平面的下降，现在南北美
大陆之间出现了一道完整
的大陆桥。
这意味着南北美
洲生物大迁徙加
速了！
北美洲的动物开始越
来越多地扩张到南美
洲的各个生态位。
豹的亲戚
居维叶象
南美马
平头猪
恰帕熊
浣熊的亲戚

大地懒
南美洲的本土动物过得也不错，看看这些巨大的地懒就知道了。
鹦鹉
以及水豚的块头特别大的亲戚。
这是迄今为止发现的最大的啮齿动物！
壮丽鸟
箭齿兽
约瑟夫豚鼠
恒河鳄
凯门鳄
梅赛布里恐鹤
囊负鼠
新小食蚁兽
也有很多南美洲动物去了北边，对吧？
是的，有一种你看见肯定会高兴的……

那就是泰坦鸟，它是最后的巨型骇鸟，也是体形最大的。
薛西小姐，看到这些又大又可怕的鸟类跑到未来我生活着的大陆上来了，我一点儿都不觉得高兴。而且它们越长越大了。
可能你更喜欢这些温和的北美地懒吧。
它们长着巨大的爪子，主要是用来抓握食物或在石头上挖洞的。
泛美地懒
它们能挖烂石头？这一定需要很努力才行。
它们的胳膊一定也很壮。
副磨齿兽
古猯

生活在北美洲不那么好的一点是，它们不得不面对这里的掠食者的威胁，比如巴博剑齿虎这样巨大的伪剑齿虎。
为什么那么多长着长牙的动物下巴的形状都又大又怪呢？
好问题！它们的下颌骨长得很长，这样就能支撑起又长又厚、覆盖着口水的下嘴唇，这样的结构或许可以帮助它们的牙齿保持清洁。
尖牙上沾了肉渣吗？
在湿漉漉的嘴唇上蹭掉就好啦！
巨颏虎
那为什么不是所有长着长牙的动物都有这样的长下巴和厚嘴唇呢？
这一点我们还不能确定。真正的剑齿虎，比如这边的巨颏虎，虽然它们的牙齿很大，下巴却要小一些。
恐猫
在我们的时代有很多长着长牙的鹿，它们既没有大下巴，也没有厚嘴唇！
为什么有些长了长牙的动物拥有那样的嘴唇和下巴，另一些却没有，这还是个未解之谜。
还没有被解开的谜团真多呀。

至于北美洲的本土动物，它们的体形越来越大了。
剑乳齿象
不仅长鼻目动物变大了……
乳齿象
宏驼
拟驼
骆驼也变大了……
恐犬
一种可以咬碎骨头的狗

以及鸟类……
畸鸟
连河狸这种啮齿动物也变成了大块头。
巨河狸
不过，见过那种巨大的水豚以后，其他大个子啮齿动物可能就没有那么惊人了。
狼
大叉角羚
这些长鼻目动物都是大象吗，还是仍然只是大象的亲戚？
它们还不完全是大象，但想看大象的话，我们不用去很远的地方。

我们只需要跨越大陆桥到亚洲去。
亚洲的俄罗斯
北美洲的阿拉斯加
南方猛犸
亚洲象
亚洲象，也就是我们的时代拥有的两种大象之一，这时候已经登上舞台了。
真枝角鹿
除了大象，亚欧大陆上的哺乳动物和我们在北美洲看到的那些差不多。
绵羊
唯一的例外是巨大的板齿犀，它们也被称为“西伯利亚独角兽”。
它的角比我整个人都大！
恐猫
大猫的亲戚
印尼野猪
这种犀牛一直生存到了人类出现以后，早在古生物学家进行记录之前，就已经流传着关于它们的传说了。
它们可以说是真实存在的奇幻生物！
至于现代的另一种大象嘛，它们正漫步于……

非洲大陆的平原上。正是因为这个，它们才被称为非洲象。
瑞氏古棱齿象
它们比生活在亚洲的同类要大一些。不过，这两种象都比不上瑞氏古棱齿象，那是大象的另一个亚种。
非洲象
长颈鹿的亲戚也长得非常高大壮实了。
巨疣猪
西瓦鹿
恐狒
一种巨大的狒狒
恩哈卓獭
一种巨大的水獭
虽然西瓦鹿没有现代长颈鹿那么高，它的体重却是最重的。实际上，它是长颈鹿的所有亲戚中最重的一种！

呃……薛西
小姐……
怎么啦？

哦！看来你已经跟南方古猿
见过面了。
它们就像我们
一样，用两条
腿站着走路！

是呀，它们是人类的表
亲。它们虽然能像我们
一样直立行走，却并不
比黑猩猩聪明多少。
嗅……
嗅……

当然，我并不是说黑猩
猩很蠢。这些古猿会使
用工具，甚至能用原始
的长矛打猎呢！

不过，在下一个世
到来之前，类人猿
还有很多东西要学。

欢迎来到……

更新世

第四纪的第一个世

更新世距离今天只有几万年，如果你想想动物的成长与变化用了多长时间，这个时代简直可以说就在不久之前。

这代表着更新世与我们生活的现代非常相似。

不过，更新世更冷一些，因为那时正是冰川时代最寒冷的时期。

我们先去温暖又舒服的地方看看如何？

当然好啦！

北美洲
欧洲
亚洲
印度半岛
非洲
南美洲
大洋洲
南极洲

澳大利亚就是这样的地方。
哎呀，我简直等不及要看看这里有什么怪东西了。
你肯定不会失望的。这里有又大又可爱的植食性哺乳动物，比如双门齿兽……
宽颧弓兽
以及大个子的肉食性哺乳动物，比如袋狮，也就是有袋类狮子。
袋貘
这家伙也长着那种怪里怪气的牙！这些袋狮真奇怪。
澳大利亚有很多怪家伙，比如这种巨大的袋鼠，它们不会跳，而是像个古怪的肌肉男一样走来走去。
丘齿袋鼠
不过，这一带最奇怪也最可怕的居民是爬行动物。

金卡纳鳄的体形翻了一倍。
沃那比蛇
一种巨大的蛇
丘齿袋鼠
如今它们需要跟体形庞大的巨蜥竞争。比如这种古巨蜥，人类到达澳大利亚的时候它们还在呢。
如果这家伙正张着大嘴等我，那我就不愿意坐船到这里来啦！
这里也有大鸟！但这些不会飞的大家伙都是植食性动物。
牛顿巨鸟
原针鼹
一种巨大的针鼹
有一些大鸟飞上天空成了肉食性动物，比如这只巨大的哈斯特巨鹰，它会从空中猛扑下来，轻易地抓走地面的大型哺乳动物，甚至可以抓人。
不过，我很确定，和人类比起来，还是柔软又好吃的有袋类动物更对它的胃口。
拍 拍

没准儿你会更喜欢这些南美秃鹫，其实它们的体形还是很大的，只是相对小一些。反正它们应该只吃已经死掉的东西！
泰乐通鸟
也不行吗？那我们去看看南美洲有哪些奇妙的贫齿目动物好啦！
大地懒
一种地懒
雕齿兽怎么样？这些长着盔甲的大块头是犰狳的亲戚。
混合箭齿兽
一种南美洲的有蹄类动物
这些家伙太棒啦！它们就像圆乎乎的小坦克一样。
雕齿兽
星尾兽
潘帕兽
我最喜欢的动物这时候刚刚出现，那就是巨大的食蚁兽。
食蚁兽的下颌基本上不能动，而且它们没有牙齿。
它们的颅骨基本上是一根巨大的管子，里面装着一条黏糊糊的长舌头。
太神奇啦！

当然，北美洲的哺乳动物继续在南美洲奇妙的雨林中扩展着领地，让本土动物的生活越来越艰难了。
南方乳齿象
啊，这里面有几种我认识，美洲豹、马和长鼻目动物……
美洲马（亚属）
古羊驼
鬃狼
南美细齿巨熊
美洲豹
好啦，既然哺乳动物我们看得差不多了，再去看看一种大鸟怎么样？
好吧。
就是这种高个子猫头鹰！
很好，这家伙看起来不但不吓人，而且很可爱嘛。相比之下，猫头鹰还是很友好的。
尖叫
砰！
砰！
砰！
砰！
我改变主意了，现在我明白了，恐龙和现代鸟类其实没有区别。
它们都是可怕的怪物，巴不得我们哺乳动物全都死光，这样它们就能重新统治世界了。
但是，所有这些巨大的鸟类难道不是超级酷吗？
吞咽
吞咽
吞咽
没错。
酷得不行。

想看更多惊人的古代哺乳动物的话，我们只需要到北美洲去，这里是一切毛乎乎的动物的天堂。
长毛象
沙斯塔地懒
有些动物我在书上和电视里看到过，比如长毛象，以及……
雕齿兽
这就是著名的剑齿虎吗？还是它也是一种伪剑齿虎？
是的，这就是著名的剑齿虎。
异剑齿虎
但它并不是真正的老虎，而是一种大猫，就像狮子和猎豹一样。

哇，冰川时代的北美洲真是太棒了。
拟驼
北美狮
灌木牛
一种牛科动物
林地麝牛
一种牛科动物
短面熊
叉角羚
长颈鹿的亲戚
恐狼
高鼻羚羊
北美猎豹
有点儿冷，要是我没有把外套丢在古新世就好啦。
我们下一站去离赤道近一点儿的地方，怎么样？
没问题！

马达加斯加怎么样？
又暖和又舒服。
不过……马达加斯加是哪里？
马达加斯加是距离非洲海岸线很近的一个岛屿，它在很长的时间里都是与世隔绝的，这就说明……
这里的动物都很奇怪。
你果然学到了很多。
几百万年前，如今生活在马达加斯加的哺乳动物的祖先从非洲漂流而来，给这个岛屿带来了许多非常可爱的动物。
马达加斯加
非洲
这里最著名的动物是狐猴，它是一种在这个岛屿上十分繁荣的灵长类动物。
更新世出现了一种令人印象深刻的巨型狐猴，那就是巨狐猴。
古狐猴
马岛仓鼠
无尾猬
一种非洲兽

不过，它远远不是这个岛屿上最大的动物。
这项殊荣属于象鸟，那是现代鸵鸟和鸸鹋的一种食草的亲戚。
很典型，这种与世隔绝的地方总是会有大鸟。
非洲
象鸟
大型马岛獴
有时，没那么封闭的地方也会有大鸟，比如冠恐鸟。
啊，我还记得亚欧大陆依然是潮湿森林的那段好日子，还有里面的大鸟。
那里现在已经是冷冷的冻土了，对吧？
没错！
来，我的毛衣借给你。

我们到亚欧大陆
寒冷的冰原上时
你肯定用得上。
你不……冷吗？
草原猛犸象
古菱齿象
披毛犀
看到这些美丽的
亚欧大陆野生动
物，我就觉得很
暖和啦！
板齿犀
穴狮
洞鬣狗

真猛犸象
看看这些毛茸茸的大家伙，多么不可思议呀。
原牛
大角鹿
阔角驼鹿
巨林猪
雄性洞熊
驯鹿
现在我只希望我也有一身厚厚的皮毛。
雌性洞熊
大海雀
和海鹦有亲缘关系
狐狸
你知道吗，这附近有一种类人猿，他们虽然没有皮毛，但也生活得好好的。

不过，他们“作弊”了，因为
他们发现可以用自己吃掉的动
物的皮毛来保暖。
我的天哪，这
就是我们！
是啊，他们之
中有一些确实
是智人。

还有一些是尼安德特
人，比如这位红头发
的小伙子。

我们难道……不是从尼
安德特人演化来的吗？
不是，我们只是关系很
近的表亲而已。来，我
会给你讲清楚的。

100 万年前，我们生活在非洲的类人猿亲戚——直立人——已经和其他大型类人猿很不一样了。

他们不仅能够制造和使用工具，还会制作石器。这些石器的边缘非常尖锐，在打猎和收集食物的时候非常方便。
嚓

直立人的另一个巨大的突破是学会了使用火。
有了火以后，他们就能够烹饪食物了，这是一个了不得的进步。

把食物煮熟不仅能杀死其中有害的细菌，还能让食物易分解，这样不需要消化很久就能获得更多营养了。
格罗克，来点儿烤块茎吗？
不要，格罗克更爱吃生的。

这意味着他们不再需要消耗很多能量来消化坚硬的植物和纤维了。
格罗克爱怎么样就怎么样吧！
哦！就像我吃过一顿大餐以后也会感觉累一样！

就是这样。你会感觉累，是因为你的身体花费了很多能量去分解刚刚吃下去的食物。
哇，我吃的烤块茎转化成能量的速度比格罗克吃的生块茎快多啦。我们去打猎吧！去摘果子吧！
呃，现在不行，纤维太多……不好消化……呼噜……

我们的祖先利用这些额外的能量做了许多很酷的事情，比如绘画，以及研究怎么做出更好的工具。
尖锐的工具
颜料
捕鱼
带尖刺的武器
骨制工具
（比如缝衣针）
珠串
艺术！
他们变得越来越聪明了。

这些聪明的类人猿最终从非洲迁移到了亚欧大陆，并且演化出了几种不同的人类亚种。
欧洲
他们在东亚演化成了神秘的丹尼索瓦人。
亚洲
在欧洲，他们变成了尼安德特人。
非洲
而在距离今天30万年前的非洲，他们演化成了智人。
智人也就是我们！

人类还有其他亚种?!
是呀！智人还有好几个近亲亚种呢，他们和我们是不一样的，就像狼和郊狼、北极熊和灰熊的区别。

这很神奇，对吧？
是啊……真是超乎想象。

最终，一小群智人一路北上，在欧洲与尼安德特人相遇了。

他们在欧洲共存了好几千年，直到尼安德特人在化石记录上消失为止。

呃，他们出什么事了？
很长时间以来，我们一直以为是智人残忍的杀戮让他们灭绝了。不过，现在的DNA证据表明，实际上，让他们灭绝的很有可能是我们的爱。

等等，这是什么意思？

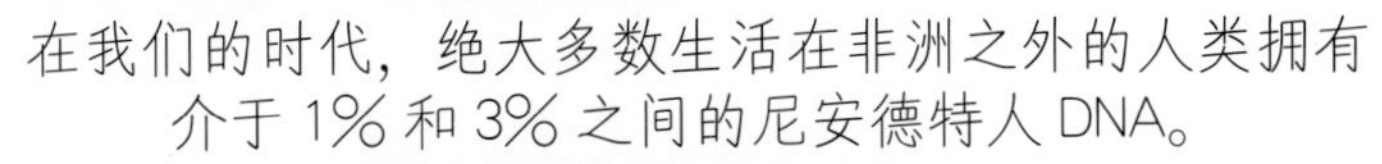
在我们的时代，绝大多数生活在非洲之外的人类拥有介于1%和3%之间的尼安德特人DNA。

由这一点似乎可以推断，我们的祖先很喜欢这些奇怪的北方人，并且是相当浪漫的那种喜欢。

这太酷了！所以，智人和完全不同的亚种生下了宝宝？
看起来是这样，而且现代人身上有些特征就是从尼安德特人那里继承来的，比如红色的头发。

很多现代人的祖先都是尼安德特人，这意味着那些已经灭绝的远古人类的一小部分依然保存在我们身上。

哟……这真是太好了……

这并不是唯一的智人与其他人类亚种融合，并且有可能促进了他们的灭绝的例子。

当智人在亚欧大陆上向东行进时，他们遇到了丹尼索瓦人。

我们对神秘的丹尼索瓦人知之甚少，如今能够找到的化石证据只有一根指骨和一颗非常大的牙齿，所以我们并不能确定他们是什么样子。

连他们的肤色都是根据如今生活在同一片区域的智人推测的，因为人类的肤色会因为他们的黑色素水平不同而产生差异。黑色素是一种在阳光下保护皮肤的深色色素，生活在阳光充足地区的人黑色素水平更高，肤色比生活在阳光更少的地方的人要黑很多。

肤色是一种适应环境的体现，就像生活在极地的动物长着长毛一样。智人演化出不同的肤色，主要是为了适应我们生活的具体环境，而不是因为我们继承了其他人类亚种的特征。

不过，我们很确定智人遇到了丹尼索瓦人。结果是，在东亚和太平洋岛屿上生活的所有智人都拥有一定的丹尼索瓦人 DNA，这种 DNA 所占的比例有时甚至能够达到 6%。

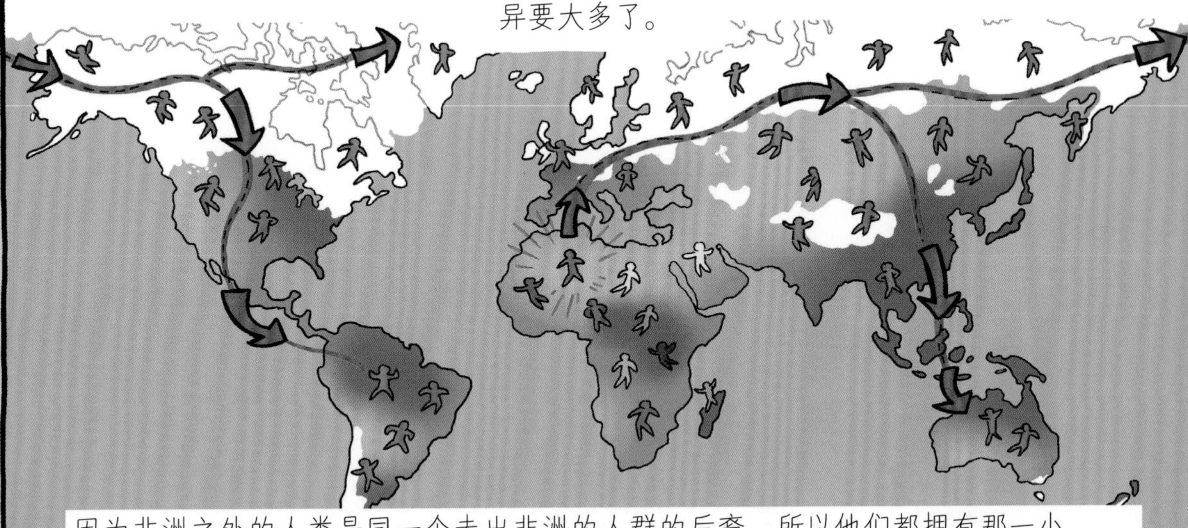

还有一个关于人类 DNA 的真相可以证明我们刚才学到的东西：生活在非洲的不同人群之间的基因差异，其实比生活在其他大洲的不同人群之间的基因差异要大多了。
因为非洲之外的人类是同一个走出非洲的人群的后裔，所以他们都拥有那一小群人的基因！

不过，这个 DNA 证据只能追踪到与智人生下过宝宝的人类亚种。
实际上，还有很多奇特的人类亚种存在过，我们的祖先可能见过他们，也可能从来没有跟他们打过交道，比如身材矮小的纳莱迪人……
呃，不好意思，我们只是路过。

以及比他们更小巧的弗洛里斯人。
哎哟！
哎哟！
他们和我差不多大！

随着时间的流逝，其他所有人类亚种都灭绝了，只留下了智人，以及我们这些近亲亚种 DNA 的影子。

当然，还留下了其他所有如今与我们共享这个世界的了不起的动物，它们就像所有先行者一样神奇而美妙！
蝙蝠
全新世的哺乳动物！
灵长类动物
奇蹄目动物
非洲兽
啮齿目
有袋类动物
贫齿目
单孔类动物
兔形目

偶蹄目动物
食肉目
真盲缺目

这些地质时期往往结束于一次大灭绝事件，比如消灭了绝大多数恐龙的白垩纪大灭绝……

或历史上最严重的二叠纪大灭绝。

我还记得这些。
真的很可怕！幸好这个时期一直延续到了现在，我们不用讨论这种事情啦。

不幸的是……其实我们正处于一场大灭绝的起点，它就发生在我们的时代。
你说什么？我们怎么了？

你还记得吧？我们之前看到的几场大灭绝都是因为全球气候的变化过于剧烈，很多动物无法适应这种变化。
记得……

我们的时代正在发生这种事。
最新消息：小行星三年前撞击了地球，但是我们没注意，现在世界末日要来了。
新闻：火山的情况比我们想的还要糟糕！
那太糟糕了！为什么会这样呢？我们是被什么我从来没有听说过的小行星撞上了吗？还是有火山在喷毒烟，而且这些烟雾早晚会把阳光遮住？

不是，这次主要是因为我们。人类就是第六次大灭绝的原因。
哎哟！

这些燃料燃烧时会释放化学物质，比如二氧化碳，这些化学物质阻挡了热量离开我们的大气层进入太空。

这就像是给地球盖上了一层大毯子一样，我们制造的二氧化碳或其他温室气体越多……

这会让动物的生存变得更加艰难，因为它们并不能适应这样的气候，而它们演化的速度比气候的变化慢得多。

二氧化碳不是唯一起到这种作用的化学物质。
嘿嘿嘿！
甲烷，也就是构成动物的屁的一种气体，同样能够导致温室效应。在过去的一百年中，农业导致大气中的甲烷含量不断增长。

农业和屁有什么关系？
是奶牛！

牛经常打嗝和放屁，这会释放很多甲烷。其实这也不算太糟，但是我们让奶牛和其他家畜的数量剧烈增长了。
只有一点儿气体没关系的，肠胃胀气不是大麻烦。
嗝
这就太夸张了！
猪和鸡的粪便也会释放甲烷。

如今美国的奶牛数量是 9400 万头，这些奶牛都会放屁和打嗝，再加上其他释放甲烷的源头，比如水稻田和垃圾填埋场中腐烂的垃圾，这些都是导致环境变暖的重要因素。
水稻田中潮湿的泥土会释放很多甲烷。
填埋场里腐烂的垃圾也会释放甲烷！

呃，我可不愿意设想空气中到底有多少奶牛的屁。
我很有可能一直呼吸着屁，还完全不知道！

农夫和企业需要更多地方来养奶牛，这通常会导致滥伐，也就是大量砍伐森林。

人们也会砍伐树木来给房屋腾地方，或制造纸张和木材，总之有很多不同的理由。

不幸的是，树木能够为过滤空气中的二氧化碳提供很大的帮助，因为它们会用二氧化碳来制造我们需要的氧气。

降水既可能表现成更多降雪，也可能表现为打破纪录的大型台风或其他极端天气。

不能因为现在很暖和，就以为哪里都不会下雪。实际上，虽然白垩纪比我们的时代温暖很多，可那时候还是会下雪。

等等，如果我们砍掉了那么多森林，那生活在森林里的动物怎么办？
它们没法儿在别的地方生活，所以很有可能会灭绝。

会导致灭绝的不仅仅是对森林的砍伐。如果生态系统被有害的化学物质或垃圾污染了，也有可能会导致动物灭绝，这种事情经常发生。
我们要走啦！
这地方真恶心！
恶心！
哎呀，这太可怕了！
好啦，各位（咳咳），还没有那么糟糕！
不幸的是，对于人类来说，导致物种灭绝并不是什么新鲜事。有很多动物早已因为我们做的事情而灭绝了，而且并不只是因为我们砍伐了树木或污染了环境。

有时是我们不喜欢的某种动物，比如袋狼，也就是俗称的塔斯马尼亚虎。
这是一种可爱的有袋类动物，长得和狗很像。不过，人们讨厌它们，因为他们相信这种动物会偷吃他们养的鸡。

更糟的是，一位农夫在报纸上刊登了一张用袋狼标本和他家的死鸡摆拍出来的照片，希望鼓励人们解决掉这种动物。
我家的鸡可不行！
农夫时报
小心嗜血害兽！
它们下一个偷的就是你家的鸡！

这一招很管用，袋狼在1936年灭绝了。

可是它们那么可爱……人们为什么要那样做呢？
因为人们害怕失去自己养的鸡，那意味着失去钱财和食物来源。

而且当时他们还不知道自己的行为会给环境带来那么剧烈的变化。
你会不会怀念那种长得跟小狗差不多的玩意儿？
绝对不会。我很高兴它们都死光了。再来一次的话我还是会这么做！人们太高看动物了。
农夫时报
即便他们认识到了这一点，他们也会告诉自己，这样做是有好处的，因为他们不喜欢某种动物，所以把它们除掉没有问题。

旅鸽的遭遇也差不多。这是北美洲的一种鸟类，它们曾经数量众多，成群飞起来的时候甚至能把阳光都遮住。

而人们非常讨厌这一点。他们认为旅鸽的数量太多了，已经构成了大麻烦！
好伙计，我不得不说，
我对这些鸟实在是不喜欢。
彼此彼此。

所以，人们除掉了数以千计的旅鸽，这种鸟类在1914年绝迹了。
又打下来一只。
这太可怕啦。

有时候也可能是我们出于各种原因太喜欢某种动物而导致了它的灭绝。比如，它身上某些部分很值钱，或者我们觉得它很漂亮，又或者只是因为我们觉得它味道很好。
巨儒艮的遭遇就是这种情况。

它非常非常好吃。
兄弟们，我们再去打一头来吧，我实在是吃不够！

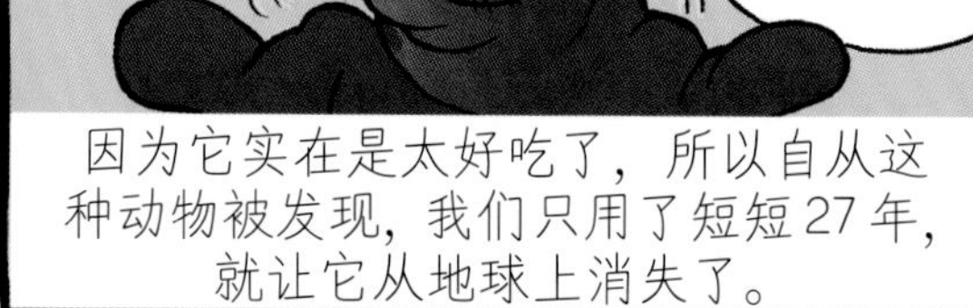
耸肩
至少我们有过好日子。
因为它实在是太好吃了，所以自从这种动物被发现，我们只用了短短27年，就让它从地球上消失了。

你总是说“我们”，就好像这些事情我也有份一样。
我没有导致任何东西灭绝呀！我才10岁！
这确实没错，说到这些欠考虑的前人做的事时，我不会再把你算进来了。

现在人们基本上已经不会因为不喜欢就把某种动物灭掉了，这可能会让你感觉舒服一点儿。

现在的绝大多数灭绝现象的原因是环境的迅速变化让很多适应了某种特定气候的动物无法生存了。

我们排放进动物生态系统中的垃圾和有害化学物质也对它们非常不利。这让物种灭绝的速率上升到了自然灭绝率的一千到一万倍。

但是，往好的方面看，现在也有很多人在努力挽救生态系统和濒临灭绝的动物。

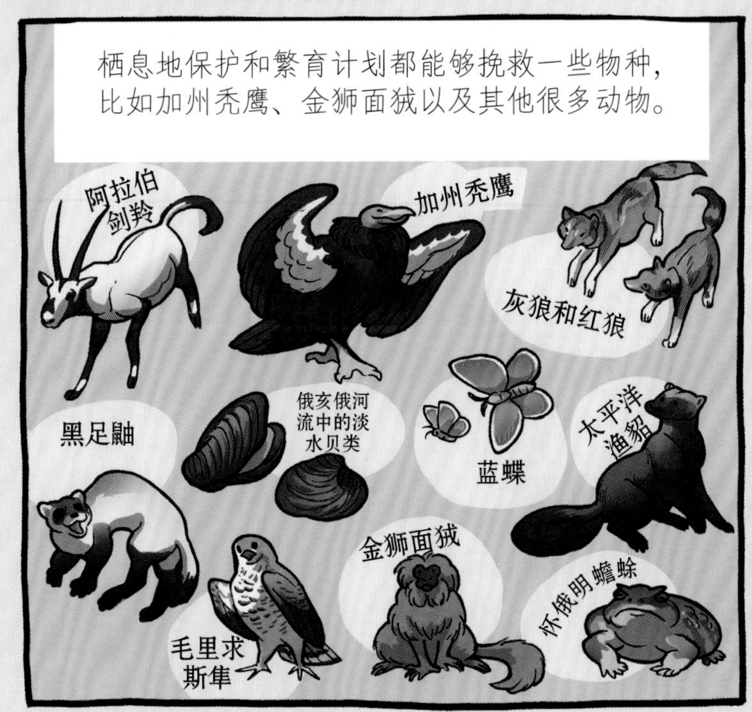

可是，那些因为气候变化和污染失去了家园，还没办法回到自然中去的动物该怎么办呢？
这种问题要花很长时间才能解决，但是我们能够做到，因为我们是聪明的类人猿呀。

如果人类转而使用更清洁的能源，比如水力发电、风力发电以及太阳能……
太阳能发电场
风力发电场
水力发电站
并且开始用电力驱动的汽车替代烧汽油的汽车，那就是往正确的方向迈了一大步。这么做能够降低大气中的碳含量，阻止气候变暖进一步恶化。

我们不仅已经掌握了这种技术，还在世界上的某些地方投入使用了，效果非常好。
德国
尼加拉瓜
瑞典
冰岛
丹麦
乌拉圭
哥斯达黎加
该死的嬉皮士！我太老也太有钱了，已经不能做出什么改变了！
商界人员
我们需要的只是做出改变的意愿，从而阻止大企业继续破坏环境。

那我能做什么呢？我只是个小孩。我既管不了我生活的城市用什么发电，也不知道我们砍掉了多少森林！

能做选择的都是大人，这真是让我失望极了！
确实是这样，有很多大人做出了很多糟糕的选择。

尤其是大型企业，虽然做这些事情会改变气候，让地球变得越来越不适合所有居民生活，他们却只能看到自己能赚到多少钱。

但是你总能做些有帮助的事情的，哪怕只是跟身边的大人谈谈。

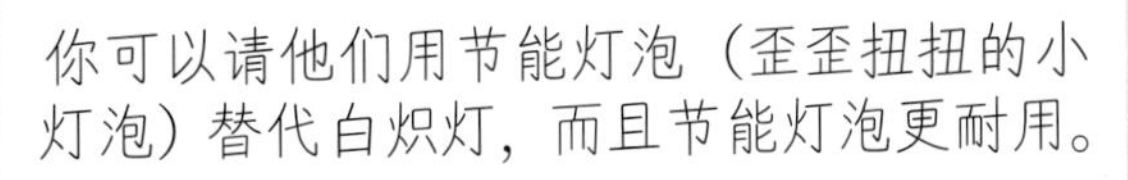

你可以请他们用节能灯泡（歪歪扭扭的小灯泡）替代白炽灯，而且节能灯泡更耐用。

你可以劝他们多走路或多坐公交车，而不是去哪里都开车。

让他们不用的时候就关掉电视和电灯。

垃圾回收也是很有用的，因为塑料、金属和玻璃可以重复利用，而不是简简单单地当成垃圾处理，那样会污染生态环境的。

你还可以请他们帮助你种树，或一起培育一个花园，这样就有更多能够过滤空气的植物了。

你还能收获一点儿蔬菜呢！

说到蔬菜，其实你可以少吃一些肉和乳制品，这样能够帮助限制排放甲烷的奶牛、猪和鸡的数量。

更重要的是，你可以请身边的大人给计划利用清洁能源改善环境并且要求企业不再做坏事的人投票。

对啊！这个确实很重要，因为我感觉不论我回收了多少易拉罐或种了多少树，他们都一样会往树林里扔垃圾，然后把整片森林砍掉。

虽然不论你有没有种树，都会有人砍伐森林……

如果越来越多的人这样做，就总会出现越来越多的树木。

我们总能一起种出整片森林的。

至少现在天气还可以很冷，而且会下雪。
我从现在开始会更享受这样的天气。

我们不能回去跟尼安德特人一起生活吗？他们看起来应该是好人。
呃，最好别，他们甚至不知道牙刷是什么，更别说肥皂了。

虽然有很多缺点，不过现代世界还是很好的。
我们有医药和牙医，而且大多数人都不会因为感染或普通感冒而死掉了，很棒。

我们现在只需要学会如何不毁掉这个世界就好了。

你不用太担心了。我们见过规模更大的气候变化，给地球几百万年时间，它总是能够恢复的。

即便很多动物会灭绝，也会有新的物种出现填补空白的生态位，这个世界依然会充满伟大的动物，自生命在寒武纪出现以来一直是这样。

而且，之前那些气候变化发生的时候还没有我们这些聪明的类人猿呢，我们会有办法的。

这么想确实
安心多了。
只要鸟类别再重新
占据大型掠食者的
生态位。
那就变成《恐龙帝国 II》了。
我觉得那样很
好啊！
看见骇鸟之前，我也觉
得那样很好。
骇鸟的眼神不
太对劲……
就好像它们要为哺
乳动物接管了世界
这件事复仇一样。
会有那么一
天的，人类。

演化树！

演化树就像家族树一样，只不过它展现的是各种动物之间的亲缘关系。在下面这棵树上，你能够看到我们在三本《远古有座动物园》中讲到过的动物的演化来源。

大象和海牛
长臂猿
猴子
贫齿目
有袋类动物
多瘤齿兽类
大型类人猿
红毛猩猩
人类
大猩猩
黑猩猩
狐猴
啮齿动物
灵长类
非洲兽
胎盘类哺乳动物
单孔类动物
猪与河马
鲸鱼
偶蹄目动物
真盲缺目
哺乳动物
狗
犬熊
奇蹄目动物
蝙蝠
摩根锥齿兽
熊
肉食性动物
哺乳动物的演化之路
犬齿兽
海豹
猫
鬣狗
丽齿兽
鼬
下孔类
杯鼻龙
异齿龙
双齿兽
腔棘鱼
“爬行动物”
双孔亚纲
沧龙
羊膜动物
肉鳍鱼
四脚动物
龟
蛇
两栖动物
巨型两栖动物
无孔亚纲
鳞龙亚纲
蜥蜴
喙头蜥
蚓螈
鱼龙
蝾螈
蛇颈龙
蛙
主龙类
肿头龙
上龙
角龙
禽龙和鸭嘴龙
恐龙
鳄形超目
三叠纪的怪家伙
剑龙和甲龙
翼手龙
恒河鳄
蜥脚类
鸟类
非鸟类的兽脚类
短吻鳄
鳄鱼
凯门鳄

词汇表

非洲兽：包括大象、儒艮、土豚和蹄兔等动物在内的哺乳动物亚目。这个亚目起源于非洲，因此被称为“非洲”兽。

仙人掌：一种植物，它的叶子一般来说非常少，甚至可能没有。它长着粗壮而充满水分的茎，上面通常长满了用来保护自己不被沙漠地区的动物啃食的尖刺。

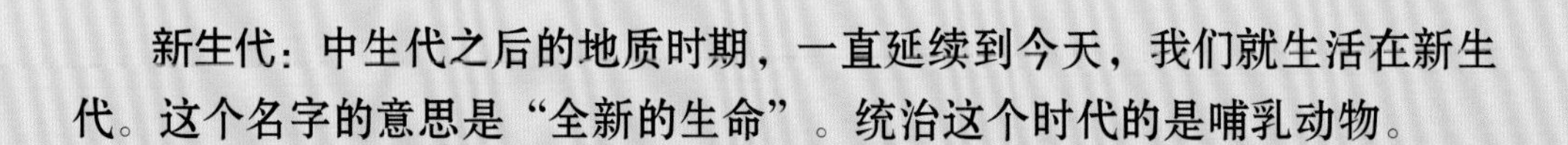

新生代：中生代之后的地质时期，一直延续到今天，我们就生活在新生代。这个名字的意思是“全新的生命”。统治这个时代的是哺乳动物。

气候变化：指世界的平均气温发生变化，变得比生物习惯的温度更寒冷或更温暖。

趋同演化：如果许多种彼此没有亲缘关系的动物演化出了相近的特征，那就是趋同演化的体现。比如，虽然鲨鱼是鱼类，海豚是哺乳动物，但它们的体形非常相似。

豨科：巨大的像猪一样的杂食性动物，没有留存到现代的后裔。很多豨科动物都是当地体形最大的掠食者。

世：某个地质时期中划分时代的概念。

亚欧大陆：包括欧洲和亚洲在内的超大陆。

演化：生物为了生存和繁衍发展出全新的特征。一般来说，这种变化能够帮助它们比没有经过突变的同类生存更长时间，并且生下更多幼崽。这代表着突变特征可以传递到更多动物个体上，这种变化会不断继续并传递，直到它最终成为这个物种演化出的共同特征。

化石：生物体在岩石中留下的任何形式的痕迹。

南北美洲生物大迁徙：冰川时代初期，由于两极的海水结冰，海平面开始下降，南北美洲大陆之间形成了大陆桥，动物们可以在两块大陆之间自由穿行。

智人：我们所属的人类物种的正式名。

冰川时期：一段很长的气温下降期，通常伴随着寒冷地带冰层（冰盖）的形成。我们现在就生活在一段冰川时期。

有袋类动物：胎盘类哺乳动物的姊妹种。这一类动物会生下体形很小且毫无自保能力的幼崽，它们会在母亲腹部的皮质育儿袋中继续生长。袋鼠和负鼠都是有袋类动物。

大灭绝：如果一定百分比的物种在一个相对短的时间段内灭绝，就是一次大灭绝事件。

中生代：处于古生代之后、新生代之前的地质时期。这个名字的含义是“中间的生命”，因为它处于最早的生命出现的地质时期和最新的生物活跃的时期之间。所有非鸟恐龙类都生存在中生代，并且于中生代灭绝。

单孔类动物：有袋类哺乳动物和胎盘类哺乳动物的姊妹种。这种哺乳动物会产卵，并且没有乳头。它们会通过皮肤来分泌乳汁，供幼崽舔食。

生态位：一种动物生活在哪里、吃什么以及被什么东西吃。

古生物学：对化石的研究。

古生代：中生代之前的地质时期。这个名字的意思是“古老的生命”。已知最古老的动物都出现于这个地质时期。

纪：一个地质时期中划分时代的概念。

骇鸟：也被称为恐怖鸟。它们是生活在南美洲的巨型肉食性鸟类，南北美洲生物大迁徙之后，它们的足迹也出现在了北美洲。

胎盘类哺乳动物：一类拥有胎盘的哺乳动物，胎盘是给在母体中的幼崽提供营养的器官。这个器官的存在延长了幼崽在母体内发育的时间，所以，胎盘类哺乳动物生下的幼崽通常比有袋类或单孔类动物的幼崽发育得更完善。

降水：降落到地面的水，比如雨雪和冰雹。

长鼻目动物：非洲兽的一种，它们通常有一条很长的鼻子，名叫象鼻，同时还有被称为“獠牙”的长牙。大象是唯一生存至今的长鼻目动物。

漂流：生物乘坐着“木筏”或植物被卷入海中，到达了另外一个岛屿或大陆的现象。

有蹄类动物：一种拥有蹄子的哺乳动物，分为偶蹄目（猪、山羊、鲸鱼、长颈鹿）和奇蹄目（马、犀牛和貘）。

贫齿目：在曾经与世隔绝的南美大陆上出现的一种哺乳动物。它们的现代后裔包括食蚁兽、树懒和犰狳。

图书在版编目（CIP）数据

哺乳王国 / (美) 艾比 · 霍华德著绘 ; 夏高娃译
. — 北京 : 北京联合出版公司, 2022.3
（远古有座动物园）
ISBN 978-7-5596-5654-4

Ⅰ. ①哺… Ⅱ. ①艾… ②夏… Ⅲ. ①哺乳动物纲－少儿读物 Ⅳ. ①Q959.8-49

中国版本图书馆CIP数据核字(2021)第217187号

北京市版权局著作权合同登记 图字：01-2021-5965 号

远古有座动物园.哺乳王国

作　　者：（美）艾比 · 霍华德　　译　　者：夏高娃
出 品 人：赵红仕　　出版监制：辛海峰　陈 江
责任编辑：李　红　　特约编辑：王周林
产品经理：魏　傩　卿兰霜　　版权支持：张　婧
装帧设计：人马艺术设计 · 储平　　美术编辑：陈　杰

北京联合出版公司出版
（北京市西城区德外大街83号楼9层　100088）
北京联合天畅文化传播公司发行
天津丰富彩艺印刷有限公司印刷　新华书店经销
字数180千字　787毫米 × 1092毫米　1/16　24.75印张
2022年3月第1版　2022年3月第1次印刷
ISBN 978-7-5596-5654-4
定价：149.00元（全三册）